❶ Un ganadero, al morir, deja en herencia a sus tres hijos 7 caballos para que se los repartan según las condiciones que figuran en el testamento. Los tres hermanos al no encontrar la forma de cumplir la voluntad de su padre, deciden pedir ayuda a su tío Jesús. Después de pensarlo mucho su tío les cede a su mejor caballo para hacer el reparto con la condición de que se lo devuelvan. ¿Cuántos caballos le corresponderán a cada uno después de devolver el prestado?

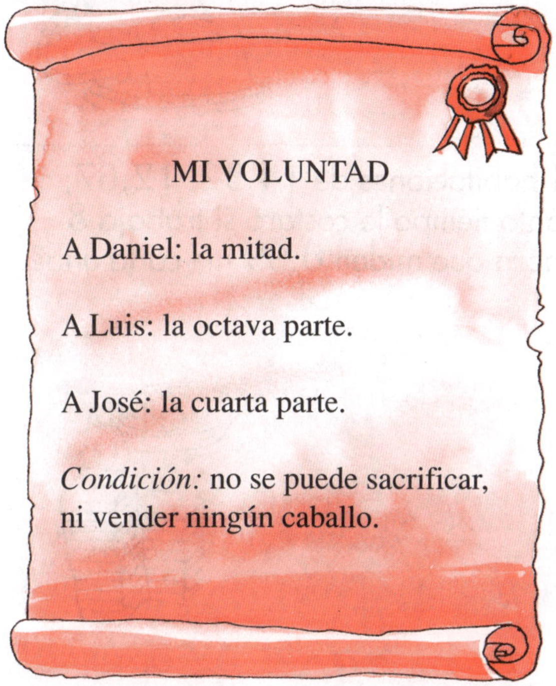


Operaciones.



Daniel .................................................

Luis .................................................

José .................................................

❷ El perro guardián de una finca persigue a un ladrón. El perro lleva una velocidad de 24 km/h y el ladrón 400 m/minuto. ¿Le alcanzará el perro? ¿Por qué?

Operaciones.

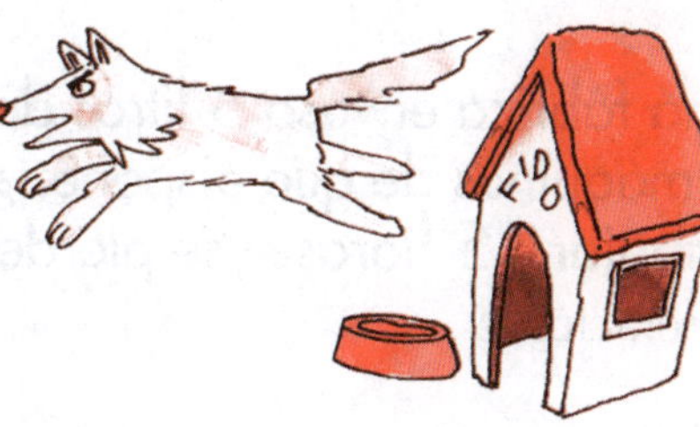


Respuesta .................................................

3 ¿Cuántos litros de gasóleo gasta diariamente una empresa que ha pagado 1804,8 € en el mes de marzo si han trabajado 24 días y el precio del combustible es de 0,94 €/litro?

Operaciones.

Respuesta ..................................................

4 Un albañil tiene que poner el suelo de 4 habitaciones de 14,32; 12,67; 12,8 y 9,17 $m^2$ respectivamente. ¿Cuánto tiempo le costará si trabaja 8 horas al día y coloca 17 baldosas por hora que miden 0,09 $m^2$ cada una?

Operaciones.

Respuesta ..................................................

5 Una fábrica envasa 3 litros de leche cada 10 segundos con cada una de las 7 máquinas de que dispone. ¿Cuántas cántaras de 84 litros necesitará para trabajar 15 horas si se pierden 12 litros por máquina a la hora?

Operaciones

Respuesta ..................................................

6 Entre tres socios se reparten 375000 € de beneficios de un negocio. El primero de ellos debe cobrar el triple de lo que cobren los otros dos juntos. ¿Cuánto corresponde a cada uno de ellos, si los otros dos socios cobran lo mismo?

Operaciones.

Respuesta ..........

7 En una perfumería reciben un lote de perfumes para San Valentín. En la primera caja vienen 75 frascos, en la segunda el triple menos 10 y en la tercera el doble que en la 2ª más veinte. ¿Cuántos frascos contenía el envío?

Operaciones.

Respuesta ..........

8 Un reloj adelanta tres segundos a la hora y otro retrasa dos segundos por día. Se ponen en hora al tocar las campanadas del comienzo de año. ¿Qué retraso acumula el 2º respecto al primero al comenzar el día 1 de marzo?

Operaciones.

Respuesta ..........

9 Un zapatero compra 5 rollos de 20 metros cada uno para hacer cordones a razón de 64 € cada rollo. Los corta en pedazos de 25 cm. ¿A cómo debe vender el par de cordones si quiere ganar 0,15 € por cordón?

Operaciones.

Respuesta ..........

**10** En una floristería han recibido 840 margaritas a 65 € el ciento. Para venderlas hacen ramilletes de docena. El primer día vende 27 ramilletes a 12 € cada uno, el 2º día 18 ramilletes a 10,50 € cada uno y los restantes los vende a 8 €. ¿Cuál ha sido la ganancia o la pérdida?

Operaciones.

Respuesta ..............................................................

**11** Un obrero cobra 1055,70 € por un mes de 30 días. Asciende de categoría y entonces recibe un aumento de 17,85 € por cada tres días. ¿Cuánto ganará ahora por día?

Operaciones.

Respuesta ..............................................................

**12** ¿Cuántas botellas de 0,70 litros se pueden obtener con el vino de una bodega que tiene 9 toneles de 108 decalitros cada uno y un depósito de 10,5 kilolitros?

Operaciones.

Respuesta ..............................................................

14 ¿Cuál es el precio del vídeo al que se le han caído las cifras si el valor del que cuesta 9,20 € es el 25% del valor de los otros dos juntos? (Halla primero el 100%).

Operaciones.

Respuesta ..............................................................................

15 Durante la feria del libro de este año asisten a la misma 5600 personas. ¿Cuántos libros se habrán vendido si se sabe que los 3/7 de los asistentes han adquirido un ejemplar y los 2/5 compraron dos?

Operaciones.

Respuesta ..............................................................................

16 Al quejarse del frío, el conserje de una comunidad de vecinos ha encendido la calefacción 9 horas al día en lugar de las 7 que lo hacía habitualmente. ¿Para cuánto tiempo habrá combustible si normalmente dura para 27 días?

Operaciones.

Respuesta ..............................................................................

17 Un carnicero compra una ternera por 2656,25 €. Vende 98 kilos de carne extra a 16 €/kg, 89 kilos de carne de 1ª clase a 12,50 €/kg y 188 kilos de carne para guisar a 7 €/kg. ¿Qué beneficio ha obtenido?

Operaciones.

Respuesta ...............................................................

18 Durante la Liga, los porteros de un equipo reciben 9 goles el titular por cada dos que recibe el suplente. ¿Cuántos goles le habrán metido en total, si el titular ha encajado 54 tantos?

Operaciones.

Respuesta ...............................................................

19 En la Copa el suplente ha encajado 4, ¿cuántos habrá encajado el equipo?

Operaciones.

Respuesta ...............................................................

20 En una etapa cronometrada, Miguel Induráin empleó 7 segundos por cada 8 segundos que empleó Toni Rominguer. ¿Cuánto tiempo invirtió Induráin si Rominger marcó un crono de 12 minutos y 24 segundos?

Operaciones.

Respuesta ...............................................................

**21** El conserje del colegio atornilla un perchero de 3,40 metros en la pared de la clase con 5 tornillos separados cada uno a igual distancia del siguiente. ¿Qué separación hay entre dos tornillos si los de las esquinas están a 15 cm de la misma?

Operaciones.

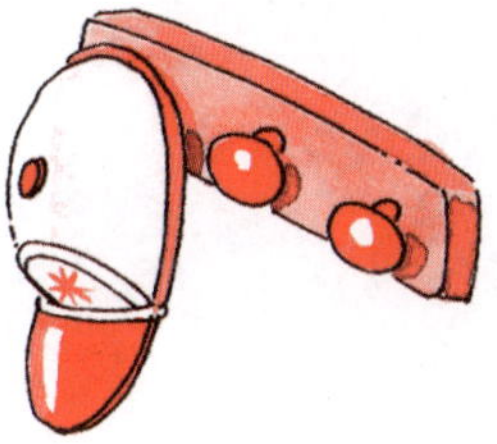

Respuesta ..............................

**22** En una región de Oceanía se utiliza como moneda algunos productos de mar. De esta manera una estrella de mar equivale a 4 conchas y un coral equivale a cinco estrellas de mar. Un indígena ha gastado tres estrellas de mar, 5 conchas y 7 corales para comprar una barca. Expresa la suma pagada con el menor número de piezas posibles.

Operaciones.

Respuesta ..............................

**23** Un restaurante compra 720 cajas de 15 botellas de vino cada una. La bodega le regala una docena de botellas por cada diez decenas compradas. ¿Cuántas botellas le regalaron? ¿Cuánto le costará cada botella si paga 36288 € por todas? ¿Cuánto cobrará por cada botella si quiere ganar un 25% sobre el precio de compra?

Operaciones.

Respuesta 1ª ..............................

2ª ..............................

3ª ..............................

24 En un comedor hay mesas con 4 y 6 sillas. ¿Cuántas mesas hay sabiendo que las que tienen 4 sillas son el doble de las que tienen 6 sillas y al contar las patas había 544 en total? (Piensa que las mesas también tienen 4 patas).

Operaciones.

Respuesta ..........................................................

25 Un tonel lleno de vino pesa 41 kg. Se vacía la mitad y pesa 23 kg. ¿Cuál es el peso del tonel vacío? ¿Cuánto pesa el vino que hay en el tonel lleno?

Operaciones.

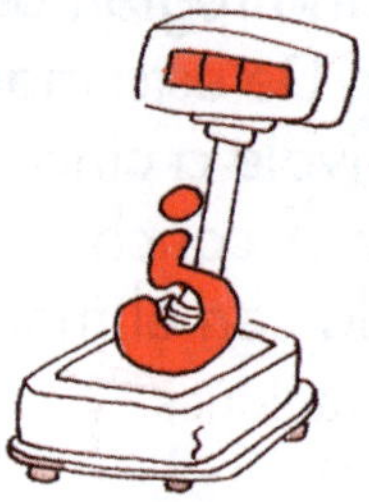

Respuesta 1ª ..........................................................

2ª ..........................................................

26 En un baúl, Leticia encontró un bote repleto de monedas de veinte céntimos, 50 céntimos y 1 €. Al contarlas se encontró con que entre todas sumaban 595 € y que había el mismo número de monedas de cada clase. ¿Cuántas monedas había en total?

Operaciones.

Respuesta ..........................................................

27 En el pueblo hay 735 habitantes. De ellos los 2/7 son rubios y los 2/5 de las personas rubias son hombres. ¿Cuántas mujeres rubias hay en el pueblo?

Operaciones.

Respuesta ..........................................................

28 En el *open* de tenis de Australia han participado 64 jugadores a nivel individual. ¿Cuántos partidos se habrán jugado hasta el vencedor, si en cada partido el jugador que pierde queda eliminado?

Operaciones.

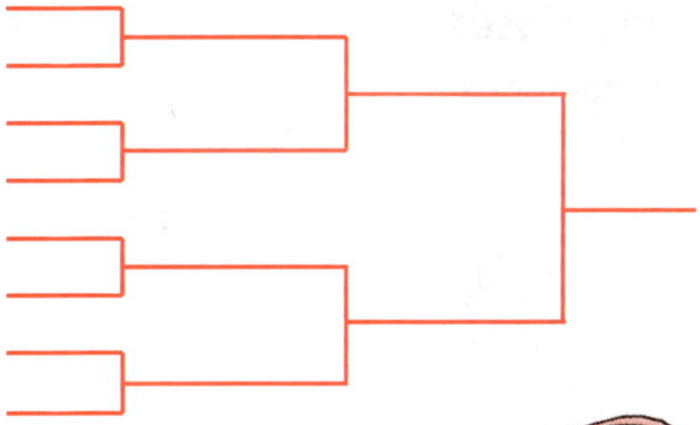

Respuesta ..............................................................

29 Un caracol se encuentra dentro de un pozo de 5 metros de profundidad y de paredes resbaladizas. Cada día es capaz de subir 50 cm, pero mientras descansa se desliza 20 cm hacia abajo. ¿Cuántos días le costará salir del pozo?

Operaciones.

Respuesta ..............................................................

30 Un americano compra un chalet por 269710 €. Hace dos entregas de 5790 y 15970 € respectivamente. El resto lo paga en mensualidades durante diez años. ¿Cuántos dólares pagará cada mes si el dólar se lo cambian a 0,75 €?

Operaciones.

Respuesta ..............................................................

31 Para enviar las felicitaciones de Navidad mi padre ha gastado 10,80 € en sellos. Ha comprado sellos de 30 y de 60 céntimos. El número de sellos de 30 es cuatro veces el número de sellos de 60 céntimos. ¿Cuántos compra de cada clase?

Operaciones.

Respuesta ..............................................................

32 Adrián junta sus pagas para las fiestas del pueblo. Al final de las fiestas calcula que ha gastado 3/5 en las atracciones y 1/4 en chucherías. ¿Cuánto dinero le ha sobrado si tenía 300 €?

Operaciones.

Respuesta ..............................................................

33 Mi abuela ha repartido a sus tres hijos una parcela de 275 $m^2$ y una corraliza. El mayor quiere la parcela y entrega a mi padre 6000 €. El pequeño quiere la corraliza y entrega a mi padre 21000 €. ¿Cuál es el precio de la corraliza? ¿Y el del $m^2$ de tierra?

Operaciones.

Respuesta ..............................................................

34 Una tienda de fotografía rebaja una cámara de 726 € en un 15%. Al mes siguiente sube el precio de la misma en un 30%. ¿Cuánto costará al final?

Operaciones.

Respuesta ..............................................................

35 Un viajante recibe el 7% de las ventas que realiza. ¿Cuánto importarán las ventas, si quiere obtener una comisión de 7350 €?

Operaciones.

Respuesta ..........................................................

36 En una droguería compran 475 litros de aguarrás para una promoción. Poco después vuelven a comprar 105 litros y la diferencia entre ambas facturas es de 784,40 €. ¿Cuál es el coste de 1 bote de aguarrás de 0,6 litros?

Operaciones.

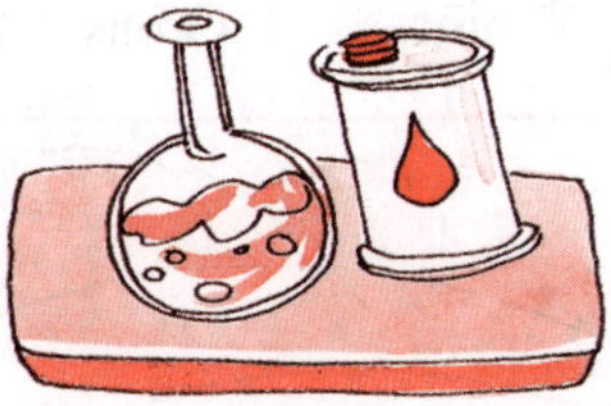

Respuesta ..........................................................

37 Un ganadero tiene pienso para alimentar a 48 vacas durante 36 días. ¿Cuántos días podría alimentar a una vaca con todo el pienso? En una feria compra 12 vacas. ¿Para cuántos días tendrá ahora alimento?

Operaciones.

1ª ..........................................................

2ª ..........................................................

38 María quiere comprar 12 yogures, pero le faltan 21 céntimos. Por ello decide llevarse 4 yogures y entonces le sobran 163 céntimos. ¿Cuánto vale cada yogur? ¿Cuánto dinero llevaba?

Operaciones.

Respuesta 1ª ..........................................................

2ª ..........................................................

# GALICIA HOTEL ***

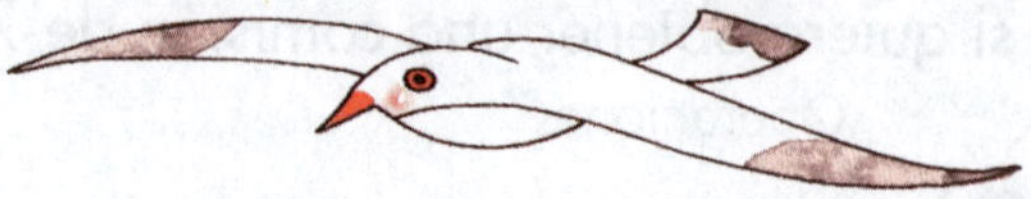

7 días en Galicia Hotel ***

| Régimen | A.D. | M.P. | P.C. |
|---|---|---|---|
| Por persona | 280,50€ | 355,75€ | 409,50€ |
| Descuento 3ª persona | 25% | 25% | 25% |
| Descuento 1er niño | 45% | 45% | 45% |
| 2º niño | Gratis | Gratis | Gratis |

Precio autobús . . . . 63,45 €/persona
Precio avión. . . . . . . 185 €/persona

(Los niños pagan la mitad del precio en avión).

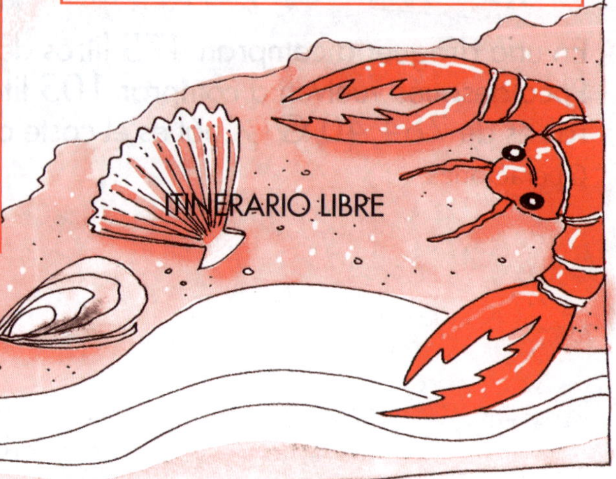


**39** Completa el presupuesto.

GALICIA HOTEL ***

Viaje en autobús
PENSIÓN COMPLETA (P.C.)

TOTAL ..........................................

Sres. Ruiz Alegre
(habitación para tres personas).

Viaje en avión.
MEDIA PENSIÓN (M.P.)
GASTO DIARIO COMIDA fuera del hotel: 81,25 € (todos).

TOTAL ..........................................

40 Completa el presupuesto:

Sres. Vidondo Pérez (tres adultos y dos niños).

Viaje en coche particular.
ALOJAMIENTO Y DESAYUNO (A.D.)

Otros gastos:
Gasóleo: 179 litros (0,92 €/l)
Autopista: 184,30 €
Comida: 13 € persona y día
Cena: 11 € persona y día

TOTAL ..........

41 Los sres. Vidondo Pérez se han planteado como alternativa a su modo de viaje, el hacerlo en avión. ¿Cuánto dinero les costaría más?

Operaciones.

Respuesta ..........

42 Los sres. Ruiz Alegre si deciden tomar el avión, pagarán el viaje en cuatro plazos trimestrales. ¿Cuánto importaría cada plazo si entonces les pusieran un recargo del 5%?

Operaciones.

Respuesta ..........

43 Un criador de caballos compra un potrillo por dos mil quinientos euros. Diariamente le produce un gasto de 14,30 €. ¿Cuánto recibirá al venderlo si quiere ganar la misma cantidad por la que lo compró y lo ha mantenido 75 días?

Operaciones.

Respuesta ..............................................................

44 En un puesto del mercado se reciben tres cajas de magdalenas con 660 unidades cada una. Después de la venta del día le sobran 179; 96 y 85 unidades en las cajas. ¿Cuánto han dejado de ingresar por la venta de las magdalenas si se venden en bolsas de 15 unidades a 1,90 € la bolsa?

Operaciones.

Respuesta ..............................................................

45 Ernesto ha gastado 4,20 € en el envío de 4 cartas al extranjero. ¿Cuánto le costará cada sello si el 2º cuesta 30 céntimos más que el 1º, el tercero 30 céntimos más que el segundo, y así sucesivamente?

Operaciones.

Respuesta ..............................................................

46 Una tienda vende en la campaña navideña 84 equipos informáticos a 1475 € cada uno. Con el dinero quiere comprar un local de 375 $m^2$ a 160 €/$m^2$ y otro contiguo de 450 $m^2$. ¿Cuál ha sido el precio del $m^2$ del local más grande si para adquirirlo le faltan 6750 €?

Operaciones.

Respuesta ..............................................................

47 Mi padre quiere calcular la pintura necesaria para pintar con tres manos las paredes del salón. Las mide y calcula que hay 56 $m^2$. El droguero le dice que necesita 0,125 kg/$m^2$. ¿Cuánto le costará la pintura si viene en botes de kilo a 9,75 €?

Operaciones.

Respuesta ..........................................

48 En un establo hay 8 vacas que producen cada una, por término medio, 10,5 litros de leche al día. Con 100 litros de leche se producen 5 kilos de nata, que se paga a 4,15 €/kg. ¿Qué beneficio le habrán dado las vacas en la nata durante el mes de julio?

Operaciones.

Respuesta ..........................................

49 Un *barman* calcula que con cada botella de licor llena 9 copas de 0,08 l que cobra a 2,75 € cada una. Con un barril de cerveza sirve 27 jarras a 2,25 € cada una. En una semana ha vendido 8 botellas de licor y 30 barriles de cerveza. ¿Qué beneficio habrá obtenido si todo le costó 648,20 €?

Operaciones.

Respuesta ..........................................

**50** Un minorista compra 25 tinajas de miel (que pesan 2,75 kg vacías y 15,35 kilos llenas) por 1890 €. La envasa en frascos de 0,36 kg que cuestan, vacíos, veinticinco céntimos cada uno. ¿A cómo tiene que vender un frasco de miel si quiere tener 586,25 € de beneficio?

Operaciones.

Respuesta ..................................................

**51** Un reloj de pared de mi abuelo adelanta 1/6 de minuto por hora y el despertador de la casa atrasa 1/10 minuto/hora. Los ponemos a la vez en hora a las 8 de la mañana. ¿Qué hora marcarán ambos relojes a las 20 horas?

Operaciones.

Respuesta ..................................................

**52** Durante la etapa reina del *Tour* de Francia los ciclistas recorrieron la veinteava parte de los 4200 km que tenía la prueba. ¿Cuántos kilómetros les faltaban para llegar a la meta al pasar el alto del Tourmalet si estaba situado en los 4/7 de la etapa?

Operaciones.

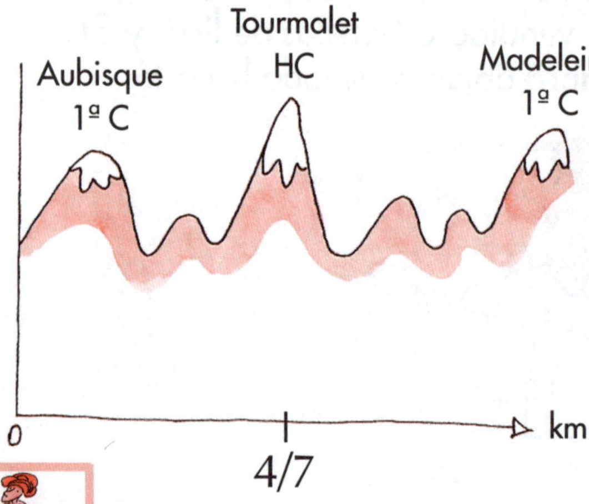

Respuesta ..................................................

53 Un bodeguero quiere vaciar el contenido de una cuba en botellas de 0,75 litros. ¿Cuántas necesitará, si el año pasado utilizó, para vaciar la misma cuba, 1260 botellas y eran de 0,7 litros cada una?

Operaciones.

Respuesta ..........................................

54 Al ir a la pastelería me doy cuenta de que con el dinero que llevo puedo comprar una docena de pasteles. Si cada pastel costase 30 céntimos menos, podría comprar quince. ¿Cuánto vale un pastel? ¿Cuánto dinero llevo?

Operaciones.

Respuesta 1ª ..........................................

2ª ..........................................

55 Un hortelano vende 50 cajas de 36 lechugas a 55 céntimos/unidad y 200 docenas de alcachofas a 3,20 €/docena. Con el dinero recibido paga dos facturas de 707,20 y 837 € y 55 cajas de planta de tomate. ¿Cuál es el precio de una caja de planta de tomate?

Operaciones.

Respuesta ..........................................

56 En la gasolinera tienen un depósito lleno que vale 18551 €. Se venden 7420 litros y entonces vale 8905 €. ¿Cuántos litros caben en el depósito?

Operaciones.

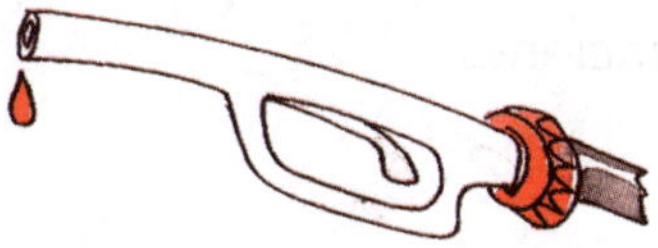

Respuesta ..........................................

57 En una etapa de la Vuelta Ciclista a España dos ciclistas escapados llevan 17,5 km de ventaja al pelotón. Los escapados circulan a 38 km/h y el pelotón 3,5 km/h más veloz. ¿Atrapará el pelotón a los escapados si les faltan 105 kilómetros para la meta?

Operaciones.

Respuesta ..........................................................................

58 Dos máquinas tienen que excavar un túnel de 2,43 km. Cada máquina comienza en un extremo y cavan 30 m por día la primera y 24 m la segunda. ¿Qué distancia les separará al cabo de 25 días?

Operaciones.

Respuesta ..........................................................................

59 Para hacer helados de limón, mi madre utiliza 3,5 kg de limones a 2,45 €/kg, 1,75 kg de azúcar a 1,58 €/kg y 6 litros de leche a 0,88 €/l. ¿Cuánto se ha ahorrado si ha obtenido 8 kilos de helado que se vende a 4,75 € la tarrina de 1/2 kg en la heladería?

Operaciones.

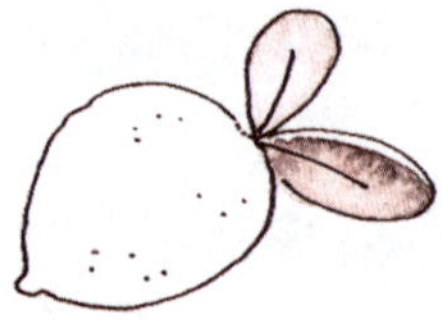

Respuesta ..........................................................................

60 Un grupo de socios deciden poner un negocio juntos y deben pagar 18000 € cada uno. Se retira uno de ellos y ahora los demás tienen que poner 22500 €. ¿Cuál es el dinero necesario para poner el negocio? ¿Y el número de socios que van a ponerlo?

Operaciones.

Respuesta ..........................................................................

61 Los veinticinco nietos de una familia deciden juntarse en una cena e invitan a sus cuatro abuelos. A la hora de pagar cada uno de ellos pone seis euros más de lo que les correspondería si no hubiese invitados. ¿Cuál ha sido el importe de la cena?

Operaciones.

Respuesta ...............................................

62 Un aficionado a la música gana 1662,50 € al mes y dedica los 2/7 de su sueldo para sus gastos. La mitad de éstos los emplea en la compra de una colección de compactos que valen a 19 € cada uno. ¿En cuántos meses conseguirá los 200 volúmenes de la colección y una minicadena que cuesta 950 €?

Operaciones.

Respuesta ...............................................

63 Un concesionario compra un coche y lo revende con un beneficio de 2100 €. Al pagarle el coche le entregan un cheque de cinco mil euros y le firman 18 letras de 475 € cada una. ¿Por cuánto compró el coche?

Operaciones.

Respuesta ...............................................

64 En un garaje cobran 7,50 € por el lavado de un coche. Un conductor compra 12,5 m de gamuza a 1,90 €/metro, esponjas por 33,95 € y jabón por 9,80 € para lavárselo él mismo. ¿Con cuántos lavados habrá rentabilizado el gasto hecho?

Operaciones.

Respuesta ...............................................

65 Haciendo cuentas mi padre calcula que si ganase 1460 € más al año podría gastar 1630 € por mes y ahorrar 875 € cada trimestre. ¿Cuál es su sueldo mensual?

Operaciones.

Respuesta ..............................................

66 A un minorista le cuesta 872,55 € una partida de vinagre de 1080 litros. Paga 84,25 € de gastos de transporte. Quiere vender el vinagre con un beneficio del 25%. ¿Cuál es el precio de venta del litro si el comerciante ha perdido 40 litros al ponerlo en botellas?

Operaciones.

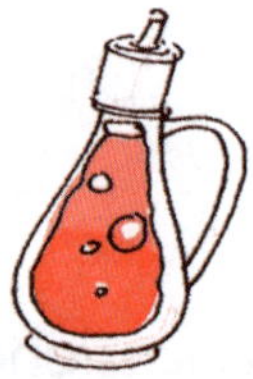

Respuesta ..............................................

67 Un granjero cambia 140 cerdos de 95 kilos de peso cada uno por 54000 kg de cereal a 415 € la tonelada y patatas a 0,25 €/kilo. Sabiendo que el cerdo se cotiza a 2,60 €/kg, ¿cuántos sacos de patatas de 40 kilos habrá recibido?

Operaciones.

Respuesta ..............................................

68 Un grupo de amigos quiere fabricar sidra. Para ello compran 4950 kilos de manzanas a 79 céntimos/kg. Cada 150 kilos de manzanas producen 120 litros de sidra. El coste de fabricación es el 40% de lo que les costaron las manzanas. ¿Qué ahorro harán al fabricar la sidra, si ésta se vende en el comercio a 2,40 €/litro?

Operaciones.

Respuesta ..........................................................

69 Un agricultor dispone de un terreno como el del dibujo. Planta olivos a 4 metros de los bordes y separados 7 metros en todos los sentidos. Cada olivo da una media de 132 kilos de aceitunas al año. ¿Cuál es el valor de la cosecha si se paga a 167 € los 100 kilos? Empieza por hacer los árboles en el dibujo.

Operaciones.

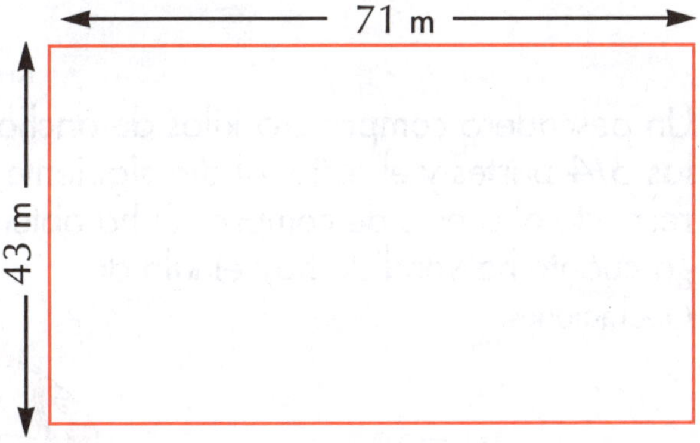


Respuesta ..........................................................

70 Al ir de vacaciones salimos de casa a las 5 y cuarto de la tarde con una velocidad de 12 km cada 10 minutos. Mis tíos salen dos horas más tarde y recorren 32 km en 20 minutos. Si llegamos a la vez, ¿a cuántos kilómetros está el lugar de vacaciones?

Operaciones.

Respuesta ..........................................................

71 Para hacer un viaje de 450 km, 4 personas deben elegir entre el tren y el coche. El coche consume 7,5 litros de gasolina cada 100 km y cuesta a 1,22 €/l y paga 50,50 € en autopista. El tren les cuesta a 8 cent./km y persona. ¿Cuál es la solución más económica?
Operaciones.

Respuesta ..........................................

72 Una óptica calcula que vendiendo las gafas de sol que le quedan a 68 € ganaría 375 €, pero vendiéndolas a 65 €/unidad sólamente obtendría un beneficio de 285. ¿Cuántas gafas tiene para vender?
Operaciones.

Respuesta ..........................................

73 Un pescadero compra 56 kilos de anchoas por 176,40 €. Vende hoy las 3/4 partes y el resto, al día siguiente, lo vende perdiendo 90 cent./kg respecto al precio de compra. Si ha obtenido un beneficio total de 33,60 €, ¿a cuánto ha vendido hoy el kilo de anchoas?
Operaciones.

Respuesta ..........................................

74 Una manguera de plástico mide 3,6 m más que otra de la misma calidad. La 1ª cuesta 22,48 € y la 2ª 19,60 €. ¿A cómo sale el metro de la manguera?
Operaciones.

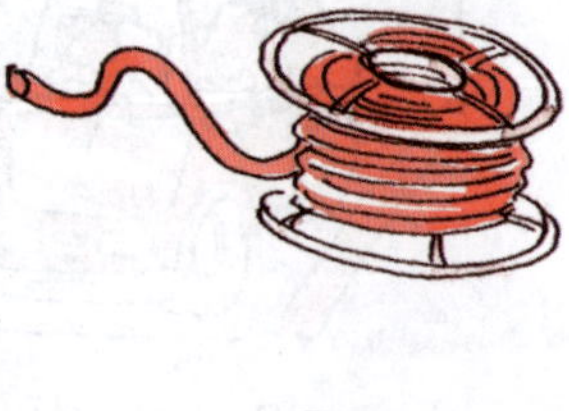

Respuesta ..........................................

**75** Una persona ha comprado dos toneles de vino: uno de 108 litros a 1,50 €/litro y otro a 1,75 €/l. Los mezcla para obtener vino a 1,65 €/l. Sabiendo que consume 1,5 litros de vino por día y le ha durado 180 días, ¿cuánto vino contenía el segundo tonel?

Operaciones.

Respuesta ..........................................................................

**76** Un día de campo hacemos un paseo de 18 km. Mi madre, a pie, recorre 4,5 km a la hora y nosotros que vamos en bici recorremos 6 km en 20 minutos. Si mi madre sale a las 10 de la mañana, ¿a qué hora tendremos que salir nosotros para llegar a la misma hora?

Operaciones.

Respuesta ..........................................................................

**77** En la pastelería se ha vendido una bandeja con pasteles de dos clases: de nata a 1,45 € cada uno y de crema a 1,30 €/unidad. Han entregado para pagar 20 € y devuelven 75 céntimos. ¿Cuántos pasteles de cada clase había en la bandeja si era el mismo número de ambas clases?

Operaciones.

Respuesta ..........................................................................

78

Razona tu respuesta ..........

..........

79 En cierto lugar de la Mancha cuentan que por los años 50, la tía Antonia, mujer muy caritativa, dedicaba una cantidad mensual para repartir entre un grupo de necesitados. El mes de enero de 1954 faltó al reparto uno de ellos y entonces el resto recibió dos monedas más cada uno. Al mes siguiente se añadió un necesitado al grupo por lo que en el reparto les correspondió una moneda menos a cada uno. ¿Cuántas personas formaban el grupo de necesitados?

Respuesta ..........